BEI GRIN MACHT SICH IHR WISSEN BEZAHLT

- Wir veröffentlichen Ihre Hausarbeit,
  Bachelor- und Masterarbeit

- Ihr eigenes eBook und Buch -
  weltweit in allen wichtigen Shops

- Verdienen Sie an jedem Verkauf

Jetzt bei www.GRIN.com hochladen
und kostenlos publizieren

Christian Osterfeld

Planung einer Unterrichtseinheit zum Thema "Der 4-Takt-Ottomotor"

GRIN Verlag

Bibliografische Information der Deutschen Nationalbibliothek:

Die Deutsche Bibliothek verzeichnet diese Publikation in der Deutschen National-
bibliografie; detaillierte bibliografische Daten sind im Internet über http://dnb.d-
nb.de/ abrufbar.

Impressum:

Copyright © 2012 GRIN Verlag GmbH
Druck und Bindung: Books on Demand GmbH, Norderstedt Germany
ISBN: 978-3-656-33159-9

Dieses Buch bei GRIN:

http://www.grin.com/de/e-book/203716/planung-einer-unterrichtseinheit-zum-
thema-der-4-takt-ottomotor

Hochschule: Pädagogische Hochschule Ludwigsburg

Semester: SS 2012

Seminar: Fachdidaktik II

Planung einer Unterrichtseinheit

zum Thema

„Der 4-Takt-Ottomotor"

Inhaltsverzeichnis

Vorbemerkung

Diese Unterrichtseinheit soll als Anschlusseinheit an bereits zuvor durchgenommene weitere Themenkomplexe für eine 8. Klasse Realschule gesehen werden, das heißt, die Schülerinnen und Schüler[1] haben bereits Kenntnisse zu den Bereichen „Geschichte des Automobils", von „Dieselmotoren und Zweitaktern" sowie „Umwelteinflüssen" (implizit alternative Antriebssysteme und Kraftstoffe, Umweltbelastungsproblematiken), welche vorausgesetzt werden. Dies zur Verdeutlichung, wenn in den Ausführungen nach Klafki später von „Mofa/Moped" gesprochen wird, diese Fahrzeuge natürlich nicht mit 4-Takt-Ottomotoren bewegt werden.

Die im Anhang angefügte Übersicht des Gesamtthemengebietes zeigt die Gebiete, die Gegenstand der nachfolgenden Unterrichtseinheit sind, in roter Schrift. Ebenso sind dort Arbeitsblätter, die in dieser Einheit verwendet werden, zu finden.

1.   Anthropogene Voraussetzungen

Es ist davon auszugehen, dass in der Methodenkompetenz zum Ende der 8. Klasse hin noch einige Defizite zu erkennen sein werden, da sie bislang nicht viel mit unterschiedlichen Methoden gearbeitet haben. Deshalb möchte ich, dass die SuS in Zweier-Teams arbeiten, in denen sie weitgehend auf sich selbst gestellt sind, also ohne Einwirken der Lehrkraft. Dies wird die soziale Zusammenarbeit verbessern. Einige der SuS haben bereits mehr Vorwissen im Bereich von Kraftfahrzeugen, da sie selber Mofas o.ä. besitzen oder die Väter in Automobilsektor arbeiten. Daher tendiert das Leistungsniveau stark auseinander. Die SuS mit größerem Vorwissen sollen mit leistungsschwächeren SuSn zusammenarbeiten. Hierbei muss jedoch darauf geachtet werden, dass alle SuS zu Wort kommen. Verschiedene Varianten der möglichen zu fertigenden Funktionsmodelle sollen eine Binnendifferenzierung ermöglichen.

---

[1] Ab sofort mit SuS abgekürzt.

2. Sachanalyse

2.1. Aufbau eines Zylinders und Zusammenspiel wichtiger Bauteile

Abbildung 1 zeigt die wichtigsten Bauteile eines Ottomotors, deren Funktion und Zusammenspiel in der Unterrichtseinheit vergegenwärtigt werden sollen. Die wichtigsten Zusammenhänge sollen beschrieben werden:

Der **Kolben** läuft im **Zylinder** auf und ab, dabei sorgen die **Kolbenringe** für eine Abdichtung zur Zylinderwand hin. Beim Auf- und Abgleiten des Kolbens im Zylinder erreicht der Kolben in seinen Endlagen abwechselnd den oberen Totpunkt (OT) und den unteren Totpunkt (UT). Das **Pleuel** ist unten im Kolben befestigt und verbindet den Kolben mit der **Kurbelwelle**. Es setzt die lineare Auf- und Ab-Bewegung des Kolbens in die Drehbewegung der Kurbelwelle um. Diese leitet die Drehbewegung über das **Schwungrad** als Antriebskraft an das **Getriebe** weiter und ist über eine **Steuerkette** mit einem oder zwei **Steuerrädern** oberhalb des Zylinders verbunden. Die Steuerräder treiben die **Nockenwelle** an, die oberhalb des Zylinderkopfs die **Ein- und Auslassventile** betätigen. Pro Drehung schließen bzw. öffnen die Nocken die Ventile ein Mal. Das Einlassventil ist für frisches Kraftstoff-Luft-Gemisch zuständig, durch das Auslassventil können die Verbrennungsabgase aus dem Zylinder abgeführt werden. Der **Kompressionsraum/Verbrennungsraum** ist der Zylinderraum oberhalb des Kolbens, der immer frei bleibt. Die **Zündkerze** zündet das komprimierte Gemisch durch Funken. Die bei der Explosion entstehende Kraft wird über die Pleuelstange auf die Kurbelwelle übertragen.

Die Aufeinanderfolge von Ansaugen, Verdichten, Verbrennen (Arbeiten) und Ausstoßen nennt man das **Arbeitsspiel** oder den **Motorzyklus**. Dieser Vorgang kann sich in vier Kolbenhüben (= zwei Kurbelwellenumdrehungen) abspielen; dann spricht man vom **Viertaktverfahren,** das im nächsten Abschnitt genau beschrieben wird.

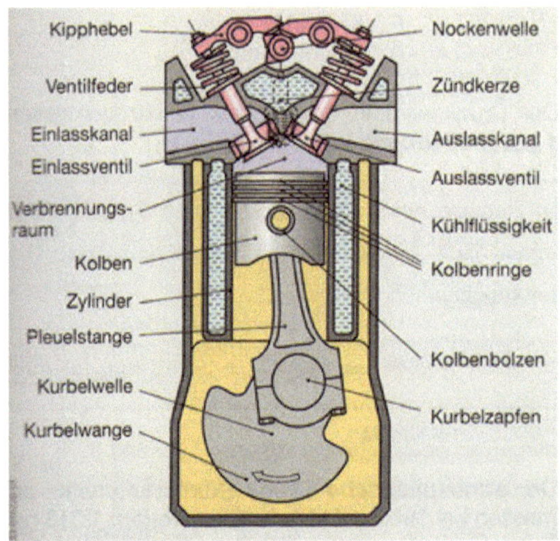

Abb. 1: Zylinderaufbau eines Ottomotors, Quelle: http://www.matchboxxx.de/forum/motor1.jpg

Die folgenden Abbildungen zeigen eine Kurbelwelle mit vier Kolben und Schwungrädern (Abb. 2) sowie eine Nockenwelle (Abb. 3).

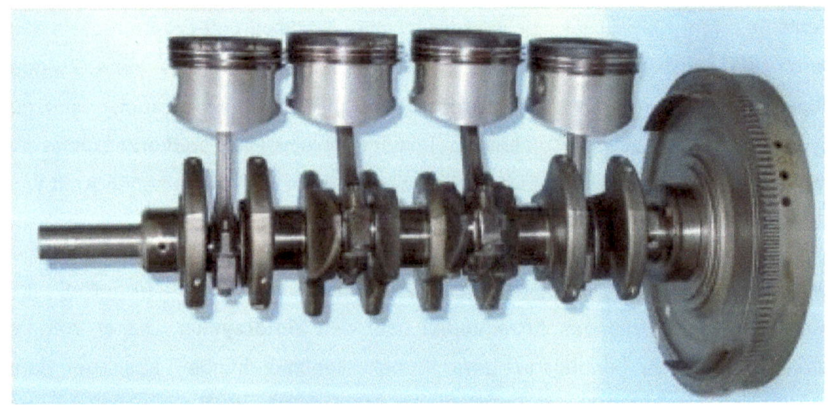

Abb. 2: Kurbelwelle mit Kolben und Schwungrad, Quelle: http://www.itv.uni-hannover.de/studium/lehrveranstaltungen/Fahrzeugantriebstechnik/FA-Di-2.pdf, S. 7.

Abb. 3: Nockenwelle, Quelle: http://jobst.pekoe.de/quiz/Nockenwelle.jpg

2.2. Die vier Takte[2]

Ein Viertaktmotor ist ein Verbrennungsmotor, der für den Kreisprozess vier Takte benötigt. Ein Takt ist beim Hubkolbenmotor die Bewegung des Kolbens vom Stillstand in eine Richtung bis zum erneuten Stillstand. Die Kurbelwelle vollführt daher während eines Taktes eine halbe Umdrehung.

In allen vier Takten spielen sich zusammen mit den Ventilbewegungen (Steuerzeiten) und dem Vergaser etwas kompliziertere Vorgänge ab; die im Folgenden beschrieben werden:

1. Takt (Ansaugen)

Beim Abwärtsgehen des Kolbens vergrößert sich der über dem Kolbenboden liegende Zylinderraum. Dies führt zu einem Druckunterschied von 0,1 bar bis 0,2 bar gegenüber dem atmosphärischen Luftdruck. Der höhere Außenluftdruck drückt Luft in den Zylinder. Hierbei reichert sich die Luft, zum Beispiel im Vergaser, mit Kraftstoff

---

[2] Vgl. Grohe, H. (1981): Otto- und Dieselmotoren, 5. A, Würzburg, S. 43; Vgl. http://www.lehrerfreund.de/in/technik/1s/ottomotor-1-viertaktmotor/3870/ [abgerufen 15.6.12].

an. Es entsteht ein zündfähiges Kraftstoff-Luft-Gemisch, das durch das Einlassventil (EV) in den Zylinder strömt. Hohe Einströmgeschwindigkeiten der Frischgase (bis 100 m/s) verlangen, dass das Einlassventil nicht im UT, sondern erst 35° bis 90° nach dem UT geschlossen wird. Wegen ihrer Trägheit strömen dann die Frischgase noch einige Zeit weiter, bis der aufwärts gehende Kolben aufgrund des Druckanstieges die Frischgase abbremst. Außerdem öffnet das Einlassventil bereits bis zu 20° vor dem OT. Durch die ausströmenden Abgase des Ausstoßtaktes wird ein Unterdruck (Sogwirkung) erzeugt,

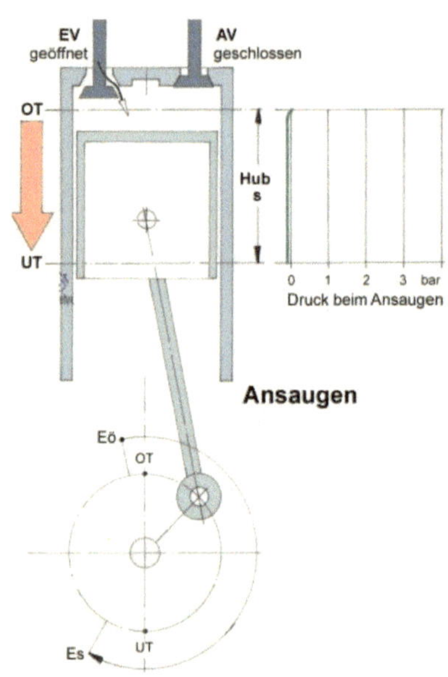

Abb. 4: Ansaugtakt, Quelle: lehrerfreund.de

der die Frischgase schon in Bewegung setzt, bevor noch der Kolben abwärts geht. Dieser Zustand, bei dem EV und Auslassventil (AV) gleichzeitig geöffnet sind, nennt man **Ventilüberschneidung**.

2. Takt (**Verdichten**)

Beim Verdichten wird das Frischgas auf ein Siebtel bis ein Zehntel des gesamten Zylinderraums zusammengedrückt. Dies ergibt ein Verdichtungsverhältnis von 7:1 bis aktuell 14:1 (Mazda Skyactiv Benzinmotor). Dabei entsteht ein Verdichtungs-Enddruck von p_e = 12 bis 18 bar, und eine Verdichtungs-Endtemperatur von 400°C bis

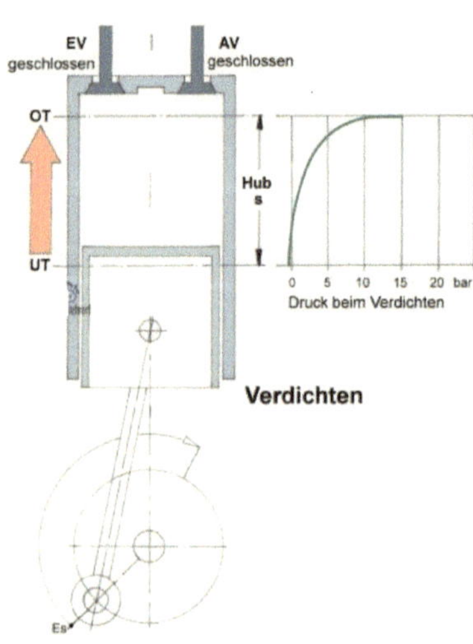

Abb. 5: Verdichtungstakt, Quelle: lehrerfreund.de

600°C. Bei so hohen Verdichtungstemperaturen vergast der in feine Tröpfchen zerstäubte Kraftstoff, was seine Vermischung mit Luft erleichtert. Eine zunehmende Verdichtung hat eine Leistungssteigerung zur Folge. Weil dadurch die Energie des Kraftstoffes besser ausgenützt wird, verbessert sich der Wirkungsgrad des Motors.

3. Takt (**Arbeiten**)

Die chemische Energie des Kraftstoffs wird durch die Verbrennung in Bewegungsenergie umgewandelt. Die Energieumwandlung wird kurz vor OT durch das Überspringen des Zündfunkens eingeleitet. Von der Zündkerze ausgehend breitet sich dabei eine etwa 20 m/s schnelle Flammenfront gleichmäßig aus. Die Verbrennung ist kurzzeitig mit Temperaturen von 2000°C bis 2500°C und Verbrennungshöchst-drücken von 40 bis 60 bar verbunden. Bis zum Ende des Arbeitstaktes entspannt sich der Druck auf 3 bar bis 5 bar und die Gastemperatur sinkt auf etwa 900°C.

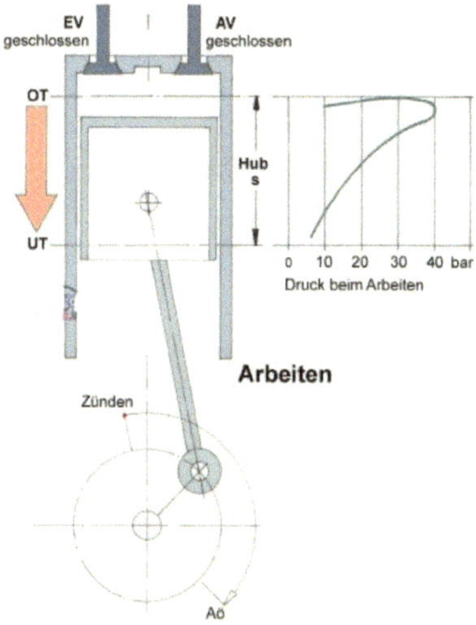

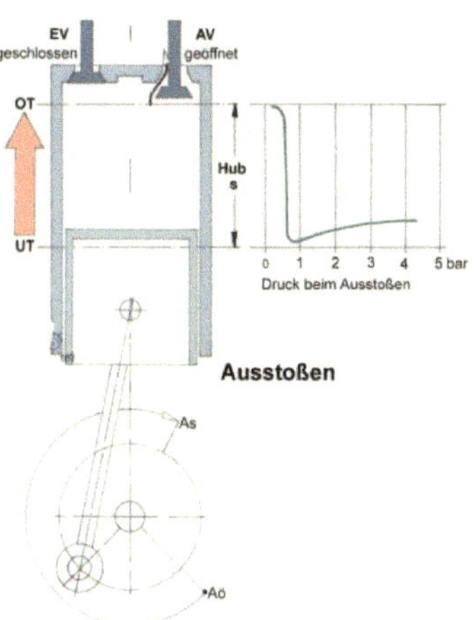

Abb. 6: Arbeitstakt, lehrerfreund.de

4. Takt (**Ausstoßen**)

Das Auslassventil öffnet 40° bis 90° vor dem UT. Dabei verlassen bei einem Druck von 3 bis 5 bar die Abgase den Zylinder mit Schallgeschwindigkeit. Um den dabei entstehenden Lärm möglichst gering zu halten, werden die Druckwellen im Auspuff (Schalldämpfer) abgebaut. Die restlichen Abgase werden beim Aufwärtsgehen des Kolbens bei einem Staudruck von etwa 0,2 bar

Abb. 7: Ausstoßtakt, Quelle: lehrerfreund.de

ausgestoßen. Um den Verdichtungsraum so weit wie möglich von noch vorhandenen Verbrennungsgasen zu säubern, schließt das Auslassventil erst 5° bis 30° nach dem OT, während das Einlassventil öffnet.

2.3. Arbeitsdiagramm

Während eines Arbeitsspiels (4 Kolbenhübe) lässt sich der Druckverlauf im Zylinder mit elektronischen Messgeräten (Oszilloskope) sichtbar machen. Die Aufzeichnung der Drücke in Abhängigkeit vom Kolbenweg macht eine Aussage über die Arbeit, die an den Motorkolben abgegeben wird.

Zur Gewinnung mechanischer Nutzarbeit muss die Expansionsarbeit größer sein als die Kompressionsarbeit. Das ist aber nur möglich, wenn die Temperatur des Arbeitsgases bei der Kompression niedriger ist als bei der Expansion. Dies erfordert nach der Expansion den Entzug von Wärme (Q_{ab}) und nach der Kompression die Zufuhr von Wärme (Q_{zu}). Da das Gas dabei immer wieder in den Ausgangszustand (1) zurück kehrt, kann mit einer Wärmekraftmaschine niemals die gesamte zugeführte Wärme in mechanische Arbeit gewandelt werden.[3]

Nach dem 1. Hauptsatz der Thermodynamik wäre $Q_{zu} > Q_{ab} \rightarrow W_k$
(W_k = mechanische Nutzarbeit).

Beim 4-Takt-Ottomotor lassen sich die Zustandsänderungen wie folgt den Arbeitstakten zuordnen (vgl. Abb. 5+6):

- 1. Takt: Der Zylinder füllt sich mit Frischluft **0→1**.

- 2. Takt: *isentrope* (gleiche Entropie) Kompression **1→2** und *isochore* (gleiches Volumen) Wärmezufuhr Q_{zu} durch Zünden und Verbrennen der Gasladung **2→3** im oberen Totpunkt, also bei konstantem Volumen (Gleichraum-verbrennung).

- 3. Takt: *isentrope* Expansion **3→4**.

---

[3] Vgl. Grohe, H. (1981): Otto- und Dieselmotoren, S. 44 ff.

- 4. Takt: (Wärmeabfuhr): Durch das Öffnen des Auslassventils expandieren die Abgase im unteren Totpunkt ohne weitere Arbeitsleistung nach außen **4→1**, und der Rest wird durch den Kolbenhub **1→0** nach außen geschoben. Dabei wird die im Abgas enthaltene Wärme Q_{ab} an die Umgebung abgegeben. Der ideale Prozess berücksichtigt nicht, dass die Restmenge im Kompressionsraum nicht den Umgebungszustand erreicht.

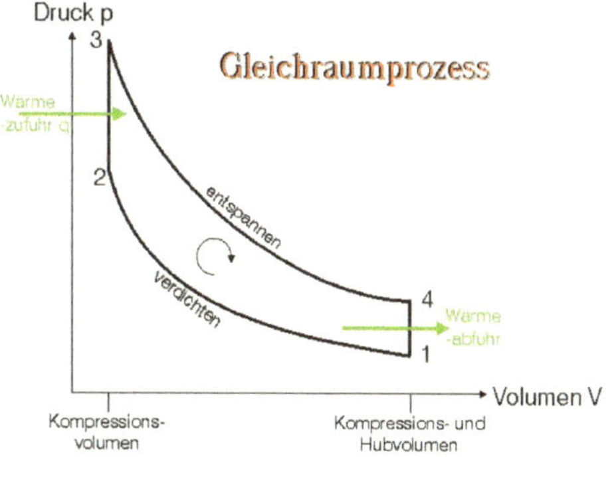

Abb. 8: Rechtslaufender Kreisprozess beim idealen 4-Takt-Ottomotor, Quelle: http://www.verbrennungsmotor.de/hp/ Technik/Ottomotoren/gleichraum.gif	Abb. 9: Entropiediagramm, Quelle: Hakenesch, P.: Thermodynamik, In: http://www.lrz.de/~hakenesch/ thermodynamik/k11_kreisprozesse_ thermischer_maschinen.pdf, S. 6.

Das Zylindervolumen V lässt sich dabei über die Formel $V = \dfrac{\pi \cdot D^2}{4} \cdot s$ (in cm³), wobei D=Zylinderdurchmesser und s=Kolbenweg[4].

Beim realen Motor ist die tatsächliche Wirkungsleistung durch Verluste auf dem Weg von der chemischen Energie (Kraftstoff) zur thermischen Energie (Verbrennung) bis zur Bewegungsenergie nur noch bei 30-35%, was nachfolgende Abbildung veranschaulicht:

---

[4] Ebd., S. 48.

Abb. 10: Energieumwandlung und Wirkungsgrad, Quelle: www.GIDA.de

2.4. Die Ventilsteuerung[5]

Um Ottomotoren mit Verbrennungsgasen zu versorgen und die verbrannten Gase nach dem Arbeitstakt wieder ins Freie zu befördern, müssen die Verbrennungsräume (**Zylinder**) über **Ein- und Auslassventile** zum richtigen Zeitpunkt geöffnet und wieder geschlossen werden können (s. hierzu beide Arbeitsblätter zu den Takten im Anhang S. 38+39). Bereits seit 1895 (Daimler Phoenix-Motor) erfolgt die Steuerung der Auslassventile über eine Nockenwelle, das Einlassventil arbeitet als sogenanntes „Schnüffelventil" – es wird beim Ansaugtakt des Motors durch den im Brennraum entstehenden Unterdruck geöffnet und durch die Federkraft der Ventilfeder wieder geschlossen. Seit 1900 werden sowohl Einlass- als auch Auslassventile über Nockenwellen gesteuert (Mercedes-Vierzylinder 35-PS-Modell).

Die **Nockenwelle** bewirkt, dass die Ventile zum richtigen Zeitpunkt für die richtige Zeitdauer mit dem richtigen Hub geöffnet werden, um den Motor mit Verbrennungsgasen zu versorgen und nach der Verbrennung die Abgase aus dem Zylinder herauszulassen. Die Form des Nockens kann je nach Anforderung variieren. Diese Ventilsteuerung ist die Grundlage für hohe Leistungsentfaltung.

---

[5] Vgl. ebd., S. 114 ff.

3.　Didaktische Analyse

3.1. Richtungen und Ansätze der Technikdidaktik

Grundsätzlich lassen sich aktuell drei Richtungen der Technikdidaktik unterscheiden[6]:

3.1.1　Der allgemeintechnologische Ansatz (AtA)

Der AtA beschäftigt sich direkt und allein mit der *Sache/ den Fachwissenschaften.* Dieser Mangel einer von den Fachwissenschaften losgelösten und unabhängigen Fachdidaktik und die daraus resultierenden fehlenden didaktischen Anwendungs- und Umsetzungsmöglichkeiten für Technikunterricht sind Hauptkritikpunkt am AtA.

3.1.2　Der arbeitsorientierte Ansatz (AoA)

Der AoA will „mit kritischer Absicht [...] über die Technik und ihren gesellschaftlichen Kontext aufklären."[7] Technik wird dabei nicht losgelöst, sondern immer im Kontext von Arbeit und ihrer Prägung der gesellschaftlichen, politischen und ökonomischen Situation betrachtet. Dieser ständige Kontextbezug der Technik auf Arbeit und mangelnde Strukturierung und Definition des Bezugsfachs der Arbeitslehre lassen Kritik am AoA zu. Gleichzeitig findet sich in ihm auch keine ausreichende inhaltliche Strukturierung des Technikunterrichts.

3.1.3　Der mehrperspektivische Ansatz (MpA)

„Im mehrperspektivischen Ansatz liegt der Akzent auf dem Subjekt technischer Bildung."[8] Das allgegenwärtige Ziel ist die Förderung der Kompetenzen des Schülers. Die Vertreter dieses Ansatzes vereinen fachliche und pädagogische Kompetenzen. „Technik wird im Kern verstanden als menschliches Handeln, welches zweckhafte Artefakte erzeugt und zur Befriedigung menschlicher Bedürfnisse

---

[6] Nachfolgende Ausarbeitungen sind entnommen aus Schmayl, W.; Wilkening, F. (1995): Technikunterricht, 2. überarb. A., Bad Heilbrunn, S. 64 ff + S. 134 ff.; Schmayl, W. (2010): Didaktik allgemeinbildenden Technikunterrichts, Baltmannsweiler, S. 122 ff.
[7] Schmayl/Wilkening, S. 65.
[8] Ebd.

einsetzt."[9] Aus wichtigen Lebensbereichen und technisch geprägten Handlungsfeldern werden die Lerninhalte abgeleitet.[10] Dies kann nicht durch die Vorgehensweise des AtA geschehen, da diesem aufgrund der strengen Orientierung an den Fachwissenschaften ein eigenständiges didaktisches Fundament zur Legitimierung von Unterrichtsinhalten fehlt und gleichzeitig der Bereich der kritischen Bewertung von Technik als Ziel und Bestandteil von technischer Allgemeinbildung nicht erfasst wird. Weiterhin steht die kontextuale Beziehung der Technik zur Arbeit im AoA einer technischen Allgemeinbildung im Wege, da die Mehrzahl der Mensch-Technik-Bezüge sich ohnehin im privaten und öffentlichen Lebensbereich vollzieht. Aus diesen Gründen wird nur der MpA den Kriterien an Allgemeinbildung, didaktisch fundierter Basis und Praktikabilität gerecht. Er bestimmt die Lehrpläne vieler Bundesländer, unter anderem Baden-Württemberg und Nordrhein-Westfalen.[11]

3.2. Bildungsplanbezug und Richtziele

Der Bildungsplan 2004 in Baden-Württemberg für die Realschule sieht vor, dass sich die SuS bis zum Abschluss der 10. Klasse mit Kompetenzen und Inhalten aus dem Handlungsfeld „Transport und Verkehr" beschäftigt haben.[12]

Die Kompetenzen im Bildungsplan 2004 der Realschule in Baden-Württemberg sind begrifflich den Richtzielen nach B. Sachs eingeteilt, daher werden diese nachfolgend genannt.

Die Kenntnisse, Einsichten und Fähigkeiten, die Schüler in Bezug auf die Problem- und Handlungsfelder für einsichtiges und verantwortliches Handeln (technische Allgemeinbildung) erlernen sollen, lassen sich nach Sachs in vier sogenannte Zielperspektiven unterteilen:[13]

> 1. die Handlungsperspektive
>
> 2. die Kenntnis- und Strukturperspektive
>
> 3. die Bewertungsperspektive

---

[9] Ebd., S. 70.
[10] Vgl. Hüttner, A. (2009): Technik unterrichten, 3. A., Haan-Gruiten, Seite 43.
[11] Vgl. Schmayl/Wilkening 1995, Seite 74.
[12] Vgl. Bildungsplan 2004; BW, Ministerium für Kultus, Jugend und Sport, S.147.
[13] Vgl. Sachs, B.: Technikunterricht: Bedingungen und Perspektiven, In: tu 100/2001, S. 10 f.

4. die vorberufliche Orientierungsperspektive

3.2.1 Die Handlungsperspektive

Die SuS sollen laut Bildungsplan „mit Realobjekten oder Funktionsmodellen aus dem Bereich Transport und Verkehr umgehen"[14]. Der Ottomotor ist in dieser Unterrichtseinheit sowohl Realobjekt als auch Funktionsmodell.

Die Schüler sollen als eine Voraussetzung für die Bewältigung praktisch-technischer Probleme technikbezogene Fähigkeiten und Fertigkeiten erwerben (z. B. Konstruieren und Verbessern, Herstellen, Pflegen und Reparieren etc.).

3.2.2 Die Kenntnis- und Strukturperspektive

Die SuS sollen „Komponenten von Transportsystemen nennen und deren Funktion erklären [sowie] die Wirkungsprinzipien von Verbrennungsmotoren erklären können."[15] Durch die Fertigung eines eigenen kleinen Hubkolbenmaschinemodells lernen die Schüler wichtige Bauteile und verstehen sie. Am Ende der Einheit sollen die Schüler ihr Wissen im Bereich der Kraftfahrzeuge erweitert haben und es anwenden können.

3.2.3 Die vorberufliche Orientierungsperspektive

Die SuS sollen durch „Einblicke in Berufsfelder im Bereich Transport und Verkehr ihre beruflichen Interessen und Neigungen abschätzen."[16]

Die SuS erhalten durch eine Betriebserkundung einen Einblick in das Berufsfeld und die Aufgaben verschiedener Berufsfelder im Bereich der Autoindustrie. Dadurch, dass die SuS selbst in die Rolle des „Motorenbauers" schlüpfen, erhalten sie einen besonders guten Einblick in einen Teilbereich dieses Berufsfeldes (z. B. Arbeitsbedingungen, Entwicklungstendenzen, Umgang mit Maschinen und Geräten).

---

[14] Bildungsplan 2004; BW, S. 147.
[15] Ebd.
[16] Ebd.

3.3. Kompetenzerwerb

Nach dem Bildungsplan[17] sollen die SuS Kompetenzen aus verschiedenen Bereichen erwerben:

3.3.1 Fachkompetenz

Die SuS lernen Begrifflichkeiten und den Aufbau eines Viertakt-Ottomotors kennen: Kurbelwelle mit Pleuel und Kolben, Zylinder, Einlassventil, Auslassventil, Zündkerze, Nockenwelle, Getriebe sowie Wirkungszusammenhänge wie die Energieumwandlung von chemischer Energie in thermische Energie weiter zur kinetischen Energie. Weiterhin verstehen sie das technische Prinzip der Umwandlung einer translatorischen Bewegung (Schubbewegung) in eine rotatorische. Sie erhalten einen Überblick über die Phasen des Gaswechsels: Ansaugen, Verdichten, Arbeiten, Ausstoßen. Sie können ein vereinfachtes Funktionsmodell eines Motors herstellen.

3.3.2 Methodenkompetenz

Die SuS können Informationen und Ergebnisse ihrer Fertigungsarbeit präsentieren und dabei frei reden.

3.3.3 Personale Kompetenz

Die SuS lernen, Probleme zu erkennen und zu benennen sowie zuverlässig und selbstständig zu arbeiten. Durch die Präsentation von Ergebnissen lernen sie, sich einem Publikum zu stellen und Fragen zu einem bestimmten Bereich selbstsicher zu beantworten.

3.3.4 Soziale Kompetenz

Da die SuS bei der Fertigung der Motoren in Partnerarbeit arbeiten sollen, lernen sie Teamfähigkeit und Rücksichtnahme auf andere, aufeinander einzugehen und sich gegenseitig zu helfen.

---

[17] Vgl. Bildungsplan 2004 BW, S. 145 ff.

3.4. Die didaktische Analyse nach Klafki

Ein weiteres Instrument der allgemeinen Legitimierung eines konkreten Unterrichtsinhalts ist die nicht technikspezifische didaktische Analyse nach Wolfgang Klafki.[18] Diese überprüft anhand von fünf Kriterien bzw. Fragestellungen den Bildungsgehalt eines Unterrichtsthemas bzw. -inhalts und beurteilt ihn so auf seine Tauglichkeit für allgemeinbildenden Unterricht.

3.4.1 Exemplarische Bedeutung

Ein Leben ohne motorisierte Fortbewegungsmittel ist heutzutage nicht mehr wegzudenken. Da jeder der SuS in irgendeiner Form mit Kraftfahrzeugen, sei es durch die Familie oder später beim Führerschein selbst damit zu tun haben wird oder vielleicht schon Erfahrung hat (Moped), ist das Verständnis der Wirkungszusammenhänge und Funktion innerhalb eines Motors von aktueller, großer Bedeutung. Auch für eine spätere Berufswahl im Automobilindustriebereich ist das Thema von großer Bedeutung, aber auch im Hinblick auf Umweltschutz (alternative Energien) und Problematiken im Bereich der Endlichkeit von fossilen Energieträgern.

3.4.2 Gegenwartsbedeutung

Das Thema ist für die Gegenwart von Bedeutung, da es das tägliche Erleben der SuS anspricht: Autos der Eltern, eigenes Mofa/Moped. Weiterhin geht es um das Auto als Statussymbol (schneller Flitzer, erwachsen sein) und in dem Zusammenhang Sorgfalt im Umgang mit Rohstoffen/der Umwelt an sich und Rücksicht im Straßenverkehr.

3.4.3 Zukunftsbedeutung

Die SuS erhalten durch eine Betriebserkundung Einblicke in das Berufsfeld z. B. des KFZ-Mechanikers/Mechatronikers oder Ingenieurs, was sie in ihrer Berufswahl beeinflussen könnte. Weiterhin lernen sie etwas über alternative

---

[18] Klafki, W. (1963): Studien zur Bildungstheorie und Didaktik. Weinheim, Berlin, Basel, S. 135 ff.

Kraftstoffe/Antriebssysteme und damit etwas über den Umweltschutzgedanken. Sie lernen durch die Fertigungsaufgabe aber auch das Arbeiten im Team (kooperatives Lernen) und die kommunikative Darstellung von Informationen, die für den späteren Beruf ggf. sinnvoll sein kann.

3.4.4 Struktur des Inhalts

Der Inhalt ist so geschichtet, dass die Schüler zunächst theoretisches Wissen erwerben, um dieses anschließend in die Praxis umzusetzen (Fertigungsaufgabe) und damit das Wissen zu festigen. Dazu müssen zunächst die theoretischen Grundlagen geschaffen werden (Fachbegriffe, Aufbau und Funktion des Otto-Motors, technisches Prinzip der Umwandlung der Schub- in eine Drehbewegung). Anschließend kann bei einer Betriebserkundung

3.4.5 Zugänglichkeit

Die SuS haben durch eigenes Interesse an Fahrzeugen bereits eine hohe intrinsische Motivation und teilweise sogar schon Erfahrungen mit Fahrzeugen gemacht. Durch die Arbeit im Zweier-Team können die SuS sich gegenseitig helfen/verbessern und lernen aus eigenen Fehlern und auch aus denen der Mitschülerinnen und Mitschüler.

4. Methodische Überlegungen

4.1. Möglichkeiten der Methoden

Folgende Möglichkeiten der Unterrichtsverfahren gibt es für den Technikunterricht:

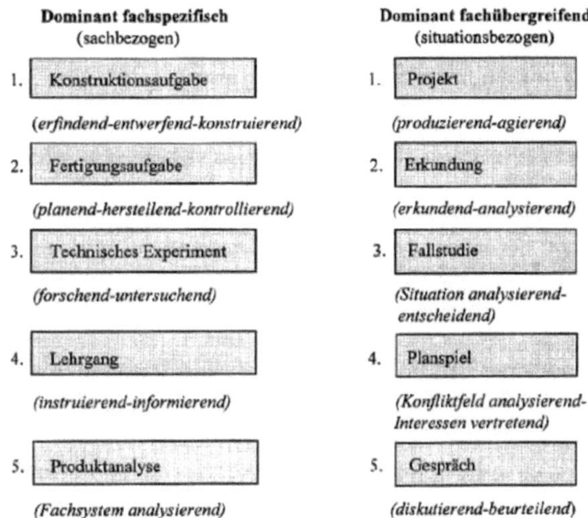

Abb. 11: Methodensystem des Technikunterrichts (aus: Schmayl, W./Wilkening, F. (1995): Technikunterricht, 2. überarb. A., S. 166.)

Betrachtet man die gesamte Unterrichtseinheit zum Thema „Der 4-Takt-Ottomotor", sind sowohl fachspezifische (sachbezogene) als auch fachübergreifende (situationsbezogene) Methoden des Technikunterrichts denkbar bzw. sinnvoll (vgl. Abb. 11). Da eine genaue Betrachtung aller für dieses Unterrichtsthema in Frage kommenden Methoden den Rahmen dieser Arbeit sprengen würde, wird nachfolgend die Methode der *Fertigungsaufgabe*, die für diese Ausarbeitung gewählt wurde, näher vorgestellt. Weiterhin mögliche Methoden werden im Abschnitt 5, „Planung der Einheit" genannt.

Die folgende Tabelle gibt an, welche Methoden des Technikunterrichts jeweils gute oder sehr gute Ergebnisse im Bezug auf wichtige Schlüsselqualifikationen liefern. Die

Fertigungsmethode wurde zur näheren Betrachtung gewählt, weil sie (wie auch die Leittextmethode und das Projekt) jede dieser Schlüsselqualifikationen bedient.

Methode / Schlüsselqualifikationen	Fertigungs-Methode	4-Stufen-Methode	Lehrgang	Leittext-Methode	Experiment	Demonstration	Objektanalyse	Erkundung	Brainstorming	Konstruktions-Methode	morphologische Methode	Unterrichtsgespräch	Bericht, Vortrag	Projekt	Rollenspiel	Planspiel	Fallstudie
Selbstständigkeit und Leistungsfähigkeit	++	+	+	++	++			+		+	+		+	++	+	+	+
Kooperations- und Kommunikationsfähigkeit	+		+	+	+		+	+	+	+	+	+	++	++	++	++	++
Begründungs und Bewertungsfähigkeit	+	+	+	+	+	+	++	+	+	++	+	++	++	++	+	++	++
Problemlösungsfähigkeit und Kreativität	+			+	+		++	+	++	++	++	+	+	++	+	++	++
Verantwortungsfähigkeit	+	+		+								+		++	+		
Lern- und Denkfähigkeit	+			+	+	+	++	++		++	++	++	+	+		++	+
Zeichenerklärung	++	besonders gut geeignet															
	+	gut geeignet															

Abb. 12: Methoden und Schlüsselqualifikationen (aus: Helling, K. (1992): Methoden für die Vermittlung fachlicher Qualifikationen sowie für die Förderung von Schlüsselqualifikationen, S. 16.)

4.2. Die Fertigungsaufgabe

In der Fertigungsaufgabe geht es um die handwerkliche Fertigungsschulung. Ein bereits konzipierter technischer Gegenstand soll hergestellt werden. Dabei geht es in dieser Unterrichtseinheit nicht um eine serienmäßige Produktion, sondern um die *sachgerechte Einzelherstellung.*[19] *Das fertige Produkt ist das Ziel.*

Wilfried Schmayl nennt zwei Aktionsschwerpunkte innerhalb einer Fertigungsaufgabe:

1. Die *Antizipation* des Fertigungsablaufs als *planerischen Schwerpunkt* und

---

[19] Vgl. Schmayl/Wilkening: Technikunterricht, S. 152.

2. die *Ausführung* der Fertigung als *praktischen Schwerpunkt*.

Diese beiden Tätigkeitskomplexe werden von Schmayl in jeweils drei Phasen aufgeteilt und somit ergibt sich folgende Verlaufsstruktur der Fertigungsaufgabe:

„1. Stellen des Fertigungsauftrages

2. Klären des Auftrages

3. Konzipieren der Fertigung

4. Vorbereiten der Fertigung

5. Ausführen der Fertigung

6. Auswerten der Fertigung".[20]

Die Fertigungsaufgabe erreiche sowohl praktisch als auch intellektuell ein hohes Niveau und stelle „durchweg große geistig-kreative Anforderungen vor allem in planerischer Hinsicht [...]".[21]

Weiterhin bietet die Herstellungsaufgabe „die Möglichkeit zur Anbahnung der Teamfähigkeit, indem gemeinsam geplant und arbeitsteilig Lösungsschritte angegangen werden können."[22]

Die SuS können bei dieser Methode selbstständig Folgendes überprüfen:
1) das Ergebnis ihrer Produktion
2) die Eignung ihrer Planung und Organisation
3) die Vor- und Nachteile der Arbeitsteilung.

Zudem müssen die SuS mit folgenden Kompetenzen bereits vertraut sein[23]:

1) Materialkenntnisse (in diesem Fall Holz, Metall, Kunststoff)
2) Sachgerechter Umgang mit bestimmten Werkzeugen, Geräten, Maschinen
   (Ständerbohrmaschine, Feinsäge, Feile, Hammer, Holz- und Metallsäge,
   Blechschere, Flachzange)

3) Sachgemäße Ausführung von Kaltschmieden, Anreißen, Körnen, Sägen, Bohren,

---

[20] Schmayl/Wilkening: Technikunterricht, S. 153.
[21] Schmayl, W.: Die Fertigungsaufgabe als Methode technischen Unterrichts, In: tu 32/1984, S. 5.
[22] Henseler, K.; Höpken G. (1996): Methodik des Technikunterrichts. Bad Heilbrunn, S. 73.
[23] Vgl. ebd., S. 75.

Leimen, Oberflächenbehandlung (Schleifen, Beizen), Löten.

4) Sicherheitsbewusstsein

Ich habe mich für die Fertigungsaufgabe in Abgrenzung zur ebenfalls möglichen Konstruktionsaufgabe entschieden, weil mir in diesem Zusammenhang wichtig erscheint, die SuS „planend-herstellend-kontrollierend"[24] arbeiten zu lassen, also ein Motormodell nach einer Vorlage zu fertigen, um dieses dann zur Veranschaulichung von zuvor erlernten Fachinhalten verwenden zu können (z. B. die *Bewegungsumformung der linearen (Schub-)Bewegung in eine Drehbewegung)*.

Bei der Konstruktionsaufgabe wäre hingegen *der Weg das Ziel* und die SuS müssten selbständig einen Lösungsweg entwickeln, was sehr viel Zeit in Anspruch nähme. Das hier im Vordergrund stehende „Erfinden und Entwerfen" sollte bei anderen Stoffgebieten zum Einsatz kommen.

4.2.1 Planungsphase

In der Planungsphase der Fertigungsaufgabe durch den Lehrer muss dieser den Leistungs- und Wissensstand der SuS im Hinblick auf fachliche Kenntnisse im Umgang mit Werkzeugen und Sicherheitsvorschriften kennen. Voraussetzung für eine Fertigungsaufgabe dieser Art ist das Beherrschen der Arbeit mit den Werkstoffen Holz und Metall in Bezug auf die Fertigungstechniken „Umformen, Fügen und Trennen", der Bohrerführerschein und das Löten.

Weiterhin ist eine *didaktische Reduktion* auf die wichtigsten Bauteile wie Kurbelwelle - Pleuel – Kolben – Zylinder (bzw. Zylinderblock) sinnvoll, damit eine Realisierung des Motormodells in einer begrenzt zur Verfügung stehenden Zeit möglich ist. Der Arbeitsauftrag zu dieser Fertigungsaufgabe ist im Anhang auf den Seiten 31-34 angefügt. Dabei kann jeder Schüler die Zylinderzahl und Motorenart variieren, je nach Leistungsvoraussetzung: 2- oder 4-Zylinder als Boxer- oder Reihenmotor.

Die möglichen Endprodukte dieser Funktionsmodelle finden sich ebenfalls im Anhang auf den Seiten 35+36 und sollten den SuS als Anschauungsobjekte und Orientierungshilfe zur Ansicht bereitgestellt werden.

---

[24] Schmayl/Wilkening: Technikunterricht, S. 166.

4.2.2 Ausführungsphase

Lösen der Fertigungsaufgabe: Im Sinne ganzheitlichen Handelns müssen die SuS die Planung der Fertigung, ihre Durchführung sowie die Fertigungskontrolle weitgehend selbstständig übernehmen. Sie sollen miteinander diskutieren und ihre Zwischenergebnisse vergleichen. Fragen an den Lehrer sind erwünscht. Dieser kontrolliert die Realisierung der Fertigung und hilft bei Schwierigkeiten.[25]

Dadurch, dass es auf dem ausgehändigten Schülerarbeitsblatt nur eine Fertigungsanleitung für einen Zweizylinder-Reihenmotor gibt, die SuS aber auch Vierzylinder und Boxermotoren bauen können, sind auch Anteile aus dem konstruierenden Bereich enthalten.

4.2.3 Auswertung- und Bewertungsphase

In der Auswertungs- und Bewertungsphase sollen die SuS schlussendlich der Klasse ihre unterschiedlichen Modelle im Hinblick auf ihr Vorgehen beim Fertigen, auf Probleme, die im planerischen, technischen oder auch sozialen Bereich während der Fertigungsphase auftraten, vorstellen. Bei der Selbstbewertung sind die Kriterien Maßgenauigkeit, Funktionstüchtigkeit, Form, Quantität und Qualität zugrunde zu legen.[26] Die Lehrkraft sollte erfragen, was den SuS im Vergleich ihres gefertigten Modells mit dem Realmodell/Schnittmodell auffällt, um Transferwissen zu aktivieren gerade auch im Bezug auf fehlende, wichtige Bauteile, die die Schülermodelle unter dem Oberbegriff „Ottomotor" so nicht korrekt wiedergeben (weitere Ausführungen hierzu im folgenden Teil *Reflexion*).

---

[25] Vgl. Hüttner, A.: Technik unterrichten, S. 188.
[26] Ebd., S. 189.

5.   Planung der Einheit

In der folgenden Planung unterteile ich die Einheit in drei Abschnitte, diese wiederum
in mehrere Phasen. Innerhalb der einzelnen Phasen finden weitere Methoden statt,
die im Folgenden fett hervorgehoben werden.

5.1. Unterrichtsabschnitt 1: Erarbeitung technischer Funktionszusammenhänge (ca. 2-3 Std.)

Dieser erste Abschnitt kann in 5 Phasen gegliedert werden:
1. Einführung in das Thema
2. Ermittlung des Wissensstandes der SuS
3. Entdecken der grundlegenden Funktionen
4. Erarbeitung einzelner Funktionsteile
5. Lernergebnisse auf Arbeitsblatt festhalten

Der Zugang zum Thema erfolgt mit einer *informierenden Unterrichtsphase* durch den
Lehrer[27] über die Methode des **Lehrgangs**[28]. An dieser Stelle ist es die Aufgabe des
Lehrers, *Vorwissen* der SuS zu *aktivieren* bzw. zu *erfragen* und auftretende
Verständnisfragen zu beantworten. Durch Demonstration der wichtigsten Bauteile
und   Funktionsabläufe/-zusammenhänge   an   einem   Realmodell
(Schnittmodell/Funktionsmodell) können die SuS systematisch die (technischen)
Komponenten, Faktoren oder Wirkungsweisen untersuchen und kennen lernen. Sind
die technischen Voraussetzungen vorhanden, könnten durch eine **Objektanalyse**[29]
(Demontage   und   Remontage   von   Zylindern,   Kolben   usw.)   technische
Funktionszusammenhänge zusätzlich erarbeitet werden.

Zusätzlich wird der Einsatz auditiv-visueller Medien (DVD „Viertakt-Ottomotor" von
GIDA) genutzt. Kurze Ausschnitte zu u. a. den 4 Arbeitstakten oder dem
Zusammenspiel unterschiedlichster Bauteile dienen dazu, „Details, z. B. schwierige

---

[27] Zur besseren Lesbarkeit ist der männliche Begriff gewählt. Er impliziert aber auch die weibliche
Form.
[28] Vgl. Schmayl, W.; Wilkening, F.: Technikunterricht, S. 155 f.
[29] Vgl. ebd., S. 156 f.

technische Funktionszusammenhänge, [die normalerweise so nicht sichtbar wären] durch Kombination von Real- und Trickdarstellung verstehbar zu machen."[30]

5.2. Abschnitt 2: Fertigungsaufgabe → ca. 7Std.

> 1. Fertigungsvorbereitung
> 2. Fertigungsdurchführung
> 3. Fertigungskontrolle/-bewertung

Die Fertigungsaufgabe soll in Teamarbeit bewerkstelligt werden, damit sich die SuS gegenseitig Anregungen, Tipps und Hilfestellungen geben können. Es soll aber jeder Schüler sein eigenes Funktionsmodell anfertigen, das nachher auch benotet werden könnte im Hinblick auf Maßgenauigkeit, Funktionstüchtigkeit und Qualität.

5.3. Abschnitt 3: Erkunden der Verwendungszusammenhänge (Betriebserkundung)

In diesem Abschnitt sind 3 Phasen möglich:
> 1. Vorbereitung der Erkundung – ggf. Gruppenbildung
> 2. Durchführung der Betriebserkundung
> 3. Auswertung der Betriebserkundung Dokumentation der Ergebnisse)

Eine **Erkundung**[31] als Abschluss dieser Einheit ist aufgrund der Nähe zum Daimler-Benz-Standort Stuttgart/Böblingen (Museum, aber auch Konstruktion und Fertigung) sowie zum Porsche-Standort als außerschulischer Lernort sinnvoll, da die SuS ihre theoretischen Erkenntnisse und Erfahrungen beim Bau des Funktionsmodells sowie aufgestellte Hypothesen zu Themen aus der Schule in der Praxis verifizieren/falsifizieren können. Zudem hätten sie die Chance, gezielte Fragen an Mitarbeiter/-innen des jeweiligen Unternehmens zu stellen. Diese sollten auf für den Unterricht relevante Sachverhalte beschränkt werden (Motivation und Reduktion).

---

[30] Ebd., S. 173.
[31] Vgl. Henseler, K.; Höpken G. (1996): Methodik des Technikunterrichts. Bad Heilbrunn, S. 96 ff.;

Weiterhin könnten auch Fragen im Hinblick auf anstehende Praktika (BORS[32]) oder zukünftige Ausbildungsmöglichkeiten sinnvoll sein. Je nach Einbettung der Erkundung können sich die SuS Anregungen aus der technischen Realität suchen, Fragen stellen und Einblicke in die Berufsfelder der Autoindustrie erhalten.

---

[32] Berufsorientierung in der Realschule in Klasse 9.

6. Medien in der Unterrichtseinheit

6.1. Realmodell als Präsentationsmedium

Schnittmodelle als Funktionsmodelle machen es möglich, „den inneren Aufbau eines Objekts, der sonst schwer oder gar nicht zugänglich wäre, zu veranschaulichen."[33] Sinnvoll ist hier ein aufgeschnittenes und ggf. noch weiter präpariertes Original. Schnittmodelle sind je nach Objekt zugleich entweder Anschauungs- oder Funktionsmodell.

6.2. Tafel und Tageslichtprojektor

Die Tafel und der Tageslichtprojektor sollten ständig bereit stehen, um gemeinsam Informationen zu sammeln und gesammelte Informationen zu visualisieren.

6.3. Visuell-auditives Medium (Beamer)

Durch die DVD „Viertakt-Ottomotor" von GIDA können in kurzen Filmsequenzen anschaulich die Wirkungszusammenhänge der verschiedenen Bauteile gezeigt werden.

6.4. Arbeitsblätter und Schulbuch

Arbeitsblätter zu den einzelnen Bauteilen werden den Schülern ausgeteilt, auf denen sie Informationen und wichtige Merkmale zu dem Bauteil finden. Das Schülerbuch „Umwelt Technik 2" wird ebenfalls verwendet.

---

[33] Schmayl, W.: Didaktik allgemeinbildenden Technikunterrichts, S. 239.

7.   Fazit und Reflexion:

Es ist sehr wichtig, dass SuS bei der Bewertung und Reflexion der gefertigten Modelle mittels Befragung durch die Lehrkraft oder bestenfalls von sich aus die Erkenntnis erlangen, dass die Modelle nach dem hier verwendeten Arbeitsauftrag genau genommen gar keine Otto-Motoren sein können, da die Zündkerzen fehlen und es sich demnach um Dieselmotoren handeln müsste. Ebenso sollten die SuS das zuvor am Schnittmodell und in Animationsfilmsequenzen erlernte Wissen durch den Vergleich mit ihren Modellen festigen, indem sie selbstständig (zunächst im Gespräch mit dem Nachbarn, später vor der Klasse) auf weitere fehlende Bestandteile wie z. B. Ein- und Auslassventile kommen und andeuten können, wo sich diese befinden würden (Transferleistung).

Für eine plastische Darstellung der vier Takte könnte ein Vorführmodell mit Zylindern aus Klarsichtfolie bzw. Kunststoff als sinnvoll sein, damit die SuS die Bewegung des Kolbens im Zylinder sehen können (Beispiele s. Anhang Seite 37).

Zur Verdeutlichung der Bewegungsumformung einer linearen in eine Kreisbewegung ist das Holzmodell nichtsdestotrotz geeignet.

8.   Abbildungsverzeichnis

9. Literaturverzeichnis

9.1. Primärliteratur

Bildungsplan 2004 Realschule: Ministerium für Kultus, Jugend und Sport Baden-Württemberg; Stuttgart 2004, S. 143-148.

Helling, K.: Methoden für die Vermittlung fachlicher Qualifikationen sowie für die Förderung von Schlüsselqualifikationen. Teil 1 der Schriftenreihe „Grundlagen der Technik-Didaktik", Hochschulinternes Skript der Pädagogischen Hochschule Ludwigsburg (3/1992).

GIDA Medien für Schule und Ausbildung (2008): Viertakt-Ottomotor, Odenthal.

Grohe, H. (1981): Otto- und Dieselmotoren. Arbeitsweise, Aufbau und Berechnung von Zweitakt- und Viertakt-Verbrennungsmotoren, 5. A, Würzburg.

Henseler, K.; Höpken G. (1996): Methodik des Technikunterrichts. Bad Heilbrunn.

Hüttner, A. (2009): Technik unterrichten. Methoden und Unterrichtsverfahren im Technikunterricht, 3. A., Haan-Gruiten.

Klafki, W. (1963): Studien zur Bildungstheorie und Didaktik. Weinheim, Berlin, Basel

Schmayl, W. (2010): Didaktik allgemeinbildenden Technikunterrichts, Baltmannsweiler.

Schmayl, W.; Wilkening, F. (1995): Technikunterricht, 2. überarb. A., Bad Heilbrunn.

9.2. Zeitschriften

Sachs, B.: Technikunterricht: Bedingungen und Perspektiven, In: tu 100/2001,
S. 5-12.

Schmayl, W.: Die Fertigungsaufgabe als Methode technischen Unterrichts, In: tu
32/1984, S. 5-11.

9.3. Internet-Quellen

Hakenesch, P.: Thermodynamik, In:
http://www.lrz.de/~hakenesch/thermodynamik/k11_kreisprozesse_thermischer_masc
hinen.pdf, S. 6 [Stand: 17.06.2012].

http://www.itv.uni-
hannover.de/studium/lehrveranstaltungen/Fahrzeugantriebstechnik/FA-Di-2.pdf
[abgerufen 19.06.2012].

http://www.lehrerfreund.de/in/technik/1s/ottomotor-1-viertaktmotor/3870/
[Stand: 17.06.2012].

http://www.matchboxxx.de/forum/motor1.jpg [Stand: 16.06.2012].

http://www.verbrennungsmotor.de/hp/Technik/Ottomotoren/gleichraum.gif
[abgerufen 15.06.2012].

http://www.werken-technik.de/Technikunterricht-in-Klasse-7-bis-10.htm
[abgerufen 15.06.2012].

10. Anhang

10.1. Mindmap der Unterrichtseinheit

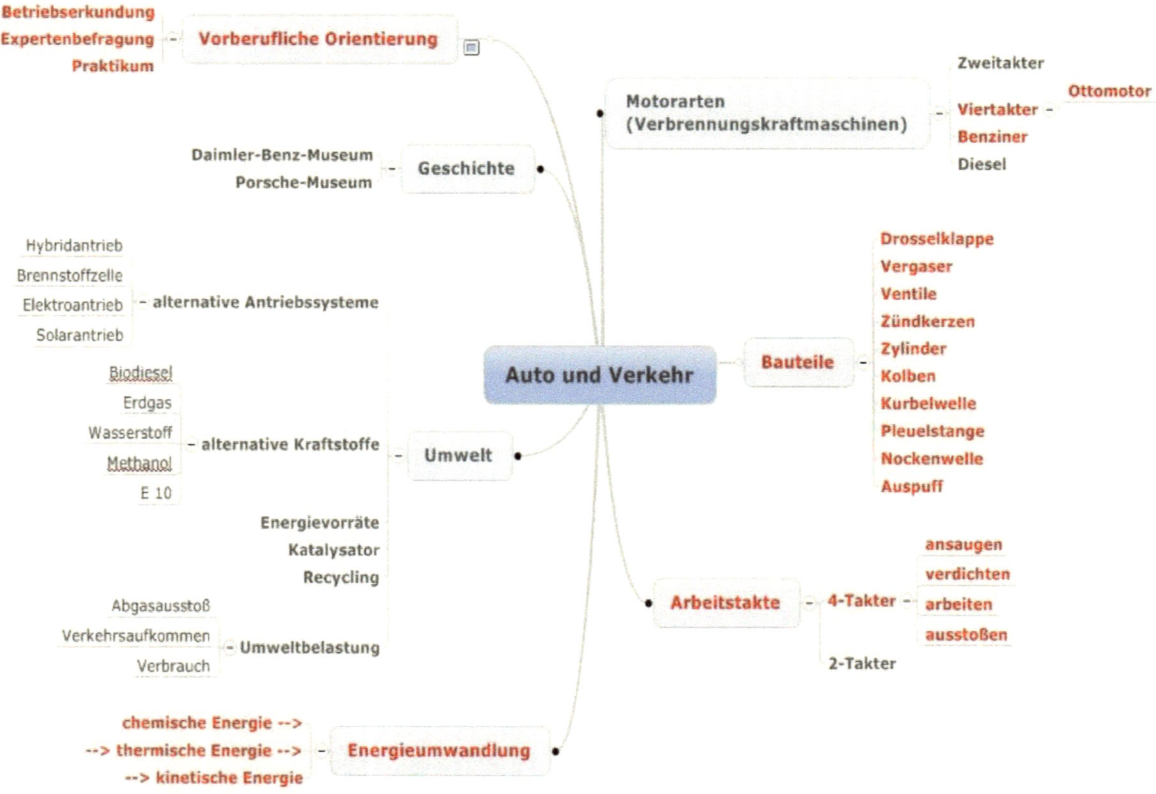

10.2. Arbeitsauftrag zur Fertigungsaufgabe

s. Dateien zu „ue9SAGrundanforderung" von www.werken-technik.de

10.3. Fotos von möglichen Schülermodellen

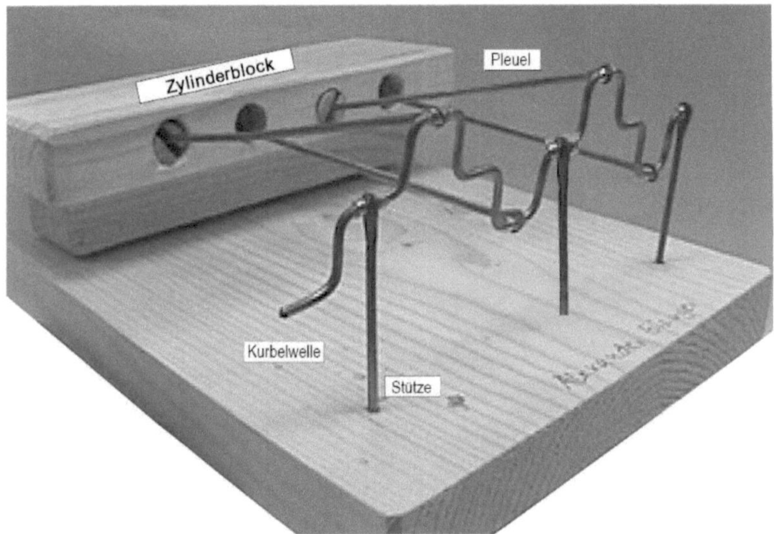

4-Zylinder-Reihenmotor; Quelle: http://www.werken-technik.de/Unterrichtseinheit-Technikunterricht-Viertakt-Ottomotor.pdf, S. 14

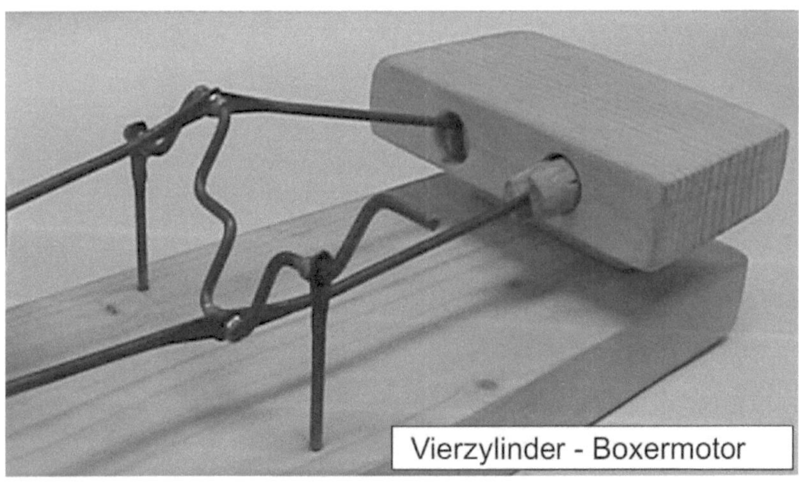

Quelle: http://www.werken-technik.de/Unterrichtseinheit-Technikunterricht-Viertakt-Ottomotor.pdf, S. 15

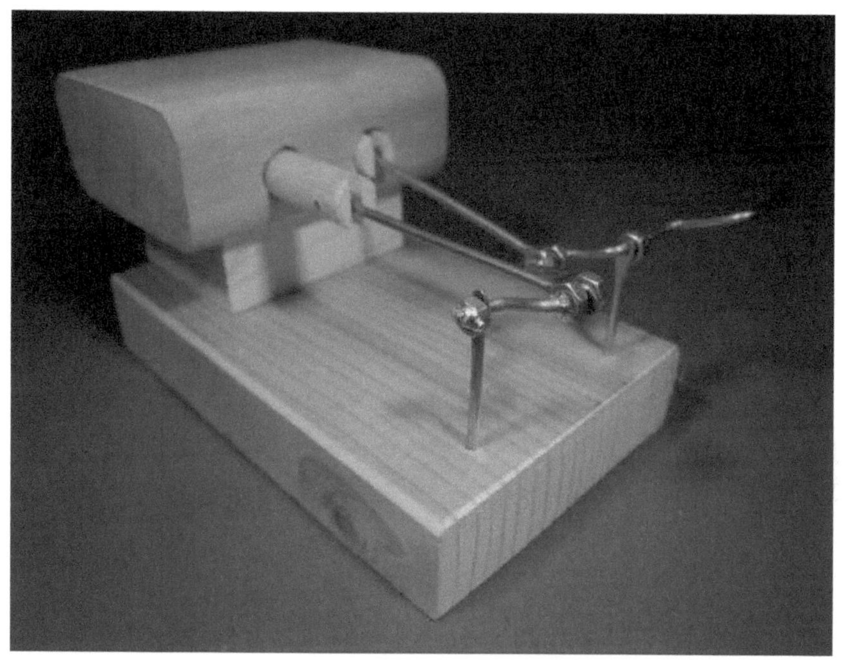

2-Zylinder-Reihenmotor; Quelle: http://www.werken-technik.de/ue9-1.jpg

10.4. Ansichtsmodelle für die Schüler mit Kunststoffzylindern

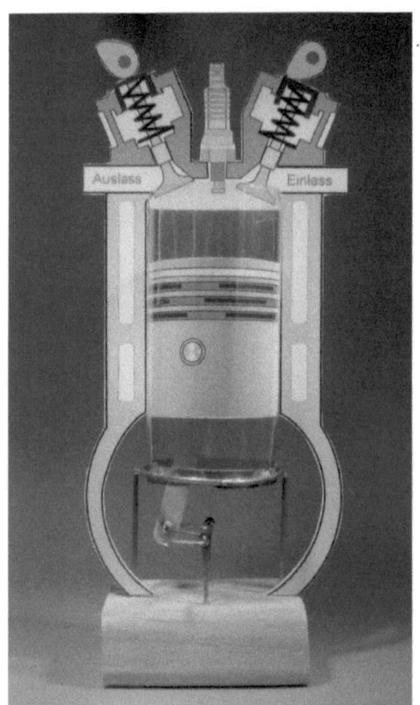

Einzylinder-Motor, Quelle: http://www.werken-technik.de/Animation-Motormodell3.gif

Vierzylinder-Motor, Quelle: http://www.werken-technik.de/ue93.jpg

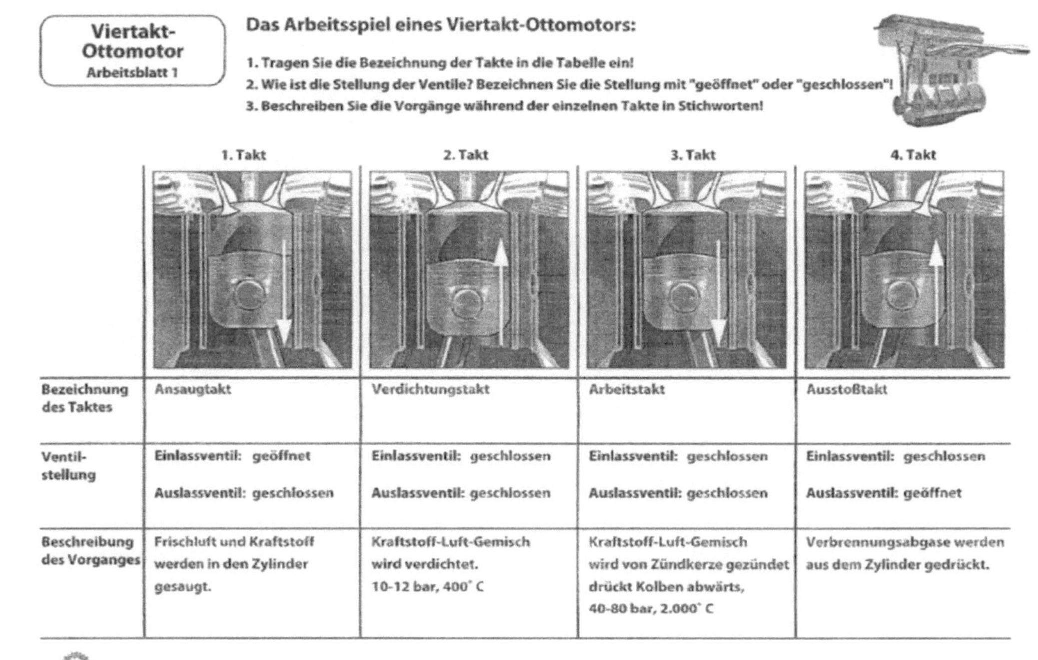

	1. Takt	2. Takt	3. Takt	4. Takt
Bezeichnung des Taktes	Ansaugtakt	Verdichtungstakt	Arbeitstakt	Ausstoßtakt
Ventil-stellung	Einlassventil: geöffnet Auslassventil: geschlossen	Einlassventil: geschlossen Auslassventil: geschlossen	Einlassventil: geschlossen Auslassventil: geschlossen	Einlassventil: geschlossen Auslassventil: geöffnet
Beschreibung des Vorganges	Frischluft und Kraftstoff werden in den Zylinder gesaugt.	Kraftstoff-Luft-Gemisch wird verdichtet. 10-12 bar, 400° C	Kraftstoff-Luft-Gemisch wird von Zündkerze gezündet drückt Kolben abwärts, 40-80 bar, 2.000° C	Verbrennungsabgase werden aus dem Zylinder gedrückt.

© GIDA 2008

38

DER VIER-TAKT OTTO-MOTOR

Takte	1. Takt	2. Takt	3. Takt	4. Takt
Vorgänge im Verbren- nungs- raum (Zylin- der)	Während der Abwärts- bewegung des Kolbens vergrößert sich der Zylinderraum. Es entsteht ein Unter- druck. Dadurch strömt die Außenluft mit hoher Geschwindigkeit durch den Vergaser, wo sie den Kraftstoff in fein- sten Teilchen mitreißt. Der Zylinder wird durch das Ansaugen mit einem Kraftstoff-Luftgemisch gefü.	Durch die Aufwärtsbe- wegung des Kolbens wird das K-L-Gemisch auf einen kleineren Raum zusammenge- drückt (auf ca. ⅛-⅒). Dadurch steigen der Druck und die Tempe- ratur des eingeschlos- senen Gemisches.	Kurz vor dem oberen Totpunkt wird die verdichtete Füllung durch den elektr. Zündfunke entzündet. Durch die sehr schnelle Verbrennung steigen die Temperatur und der Druck stark an. Der hohe Druck und die sich ausdehnenden Gase treiben den Kolben nach unten. Arbeitsleistung	Bereits vor dem unteren Totpunkt öffnet das Auslaßven- til, damit sich die verbrannten Gase vollständig entspan- nen können. Der aufwärtsgehen- de Kolben schiebt die Gase durch das Auslaßventil.
Ventil- stellung E A	offen geschlossen	E geschlossen A geschlossen	E geschlossen A geschlossen	E geschlossen A offen